OBSERVATIONS

RELATIVES A LA LETTRRE

DE M. FRIEDLANDER,

SUR L'ÉTAT ACTUEL

DU MAGNÉTISME EN ALLEMAGNE.

OBSERVATIONS

RELATIVES A LA LETTRE

DE M. FRIEDLANDER,

SUR L'ÉTAT ACTUEL

DU MAGNÉTISME EN ALLEMAGNE,

PAR M. C. OPPERT,

DOCTEUR EN MÉDECINE ET EN CHIRURGIE.

PARIS,

J. G. DENTU, IMPRIMEUR-LIBRAIRE,

rue des Petits-Augustins, n° 5 (ancien hôtel de Persan.)

1817.

OBSERVATIONS

RELATIVES A LA LETTRE

DE M. FRIEDLANDER,

Sur l'état actuel du Magnétisme en Allemagne.

On lit dans le premier Numéro de la Gazette de Santé (an 1817), une lettre de M. Friedlander au rédacteur de ce journal, sur l'état actuel du magnétisme dans plusieurs parties de l'Allemagne. L'auteur, qui vient de faire dans ce pays un voyage très-rapide, commence par exposer succinctement l'histoire d'une malade qu'il a vue à Hambourg, et qui, depuis plusieurs mois, suivait inutilement un traitement magnétique, auquel il l'a engagée à renoncer. Passant ensuite à Berlin, où l'on s'occupe du magnétisme avec plus de zèle et de succès que par-tout ailleurs, il décrit ce qu'il a cru y observer; il expose, ou plutôt il interprète l'opinion des médecins les plus estimés de cette capitale; il donne enfin son avis particulier; et, s'appuyant sur des considérations générales, il cherche à nier la plupart des effets du magnétisme, en attribuant à la force de l'imagination ceux dont il est obligé de convenir.

L'inexactitude des faits rapportés dans cette lettre, et les fausses conséquences qu'on en tire, m'engagent à répondre à l'auteur. Je n'ai point l'intention d'entrer dans des controverses sur la réalité des effets du magnétisme, sur les méthodes employées pour en faire usage, ni sur l'application qu'on en fait au traitement des différentes maladies; ces divers objets ont été traités dans un si grand nombre d'écrits, qu'il me paraît inutile de les discuter de nouveau; mais je crois devoir à la science et à la vérité de rectifier des récits dont l'inexactitude écarte la lumière d'une doctrine qui a tant besoin d'être éclaircie, et de repousser une satyre d'autant plus déplacée, qu'elle tend à jeter du ridicule sur des objets qui, par leur nature, doivent être traités d'une manière sérieuse et même sévère.

Élevé à Berlin, où je me suis livré pendant cinq ans à l'étude de la médecine, je n'ai rien négligé pour m'instruire de ce qui est relatif à cette science, et je crois pouvoir éclairer les savans et les hommes de lettres sur des faits pour la plupart défigurés dans la lettre de M. Friedlander.

L'institut de M. Wolfart, professeur à l'université de Berlin, est l'objet principal des descriptions et de la satyre de M. Friedlander. Il a été fondé il y a dix à onze ans, et depuis cette époque il s'est accru et a obtenu plus de succès chaque année.

La découverte de la propriété qu'a l'agent désigné sous le nom de *fluide magnétique*, de passer dans les corps non organisés, de s'y fixer pendant un certain temps, et de repasser de là dans l'organisme humain, a fait imaginer les appareils connus sous le nom de *baquets*. Ce sont des vases isolatoires, remplis d'eau magnétisée par un procédé semblable à celui par lequel on magnétise les hommes, et qui sont en quelque sorte des réservoirs du fluide magnétique ; des conducteurs en fer ou en acier, sortant de l'eau, dirigent ce fluide sur les malades placés autour du baquet.

La nécessité de multiplier les secours du traitement magnétique a déterminé à avoir recours à ces appareils ; car un seul magnétiseur ne pouvait avoir assez de forces ni assez de temps pour magnétiser un grand nombre de malades. L'expérience en a perfectionné l'usage, et le luxe qui s'introduit par-tout, même dans les simples foyers de la science, leur a donné une élégance sous laquelle nos sceptiques ont cru découvrir du mystère et de la charlatanerie. Les baquets de M. Wolfart ont d'abord été construits de la manière la plus simple ; ceux d'autres médecins, soit de Berlin, soit des villes moins considérables de l'Allemagne, le sont encore, c'est-à-dire qu'ils ne sont autre chose que des vases remplis d'eau magnétisée, et garnis de conducteurs d'acier. Dans le cours de sa pratique, M. Wolfart a ajouté à cet appareil quelques accessoires, les uns indifférens, les autres utiles pour la circulation du fluide. Il a renfermé le vase d'eau dans une armoire d'acajou, que M. F... se plaît à comparer à un autel, comme il compare à un sanctuaire un appartement semblable à tout autre. Un conducteur d'acier est plongé perpendiculairement au milieu du vase, et des cordons de laine d'environ trois lignes de diamètre sont attachés à ce conducteur. Les malades prennent ces cordons et en entourent les parties du corps dans lesquelles ils croient que réside le siége du mal. M. Wolfart pense qu'ils ajoutent à l'effet de l'appareil en conduisant le fluide qui émane du réservoir.

Ils ne sont point de soie, comme le dit M. F...,
mais de laine; car, selon M. Wolfart, la soie
n'est pas propre à propager le fluide magnétique. Quant aux fils d'archal dont parle encore
M. F..., il n'en existe point dans l'appareil, et
sa mémoire ne lui a pas été fidèle en lui pré-
sentant une communication établie entre le baquet et les diverses parties de l'appartement :
cela ne serait d'aucune utilité. La partie supé-
rieure de l'armoire en acajou, au-dessus du baquet, offre un espace vide qu'on remplit de
laine de mouton. Cette laine se charge du fluide
magnétique; on s'en sert dans plusieurs maladies locales, pour porter sur la partie affectée
l'influence continuelle du magnétisme. Au-dessus de l'appareil, M. Wolfart a suspendu un
globe de verre mis au tain comme une glace,
qui, communiquant par un cordon de laine
avec le conducteur central, participe aux propriétés de la machine. Il croit, avec plusieurs
magnétiseurs, que le magnétisme se propage
par irradiation, à peu près comme la lumière,
qu'il s'accumule dans le globe, et qu'il en est
réfléchi en rayons, de sorte que ses effets s'é-
tendent en tout sens. C'est pour cela, et non
pas pour servir de lustre, qu'il a ajouté un globe
de verre à son appareil.

M. Wolfart se sert de ses baquets, comme on s'en servait dans les premiers traitemens magnétiques. Les malades, assis à l'entour, prennent à la main les conducteurs d'acier, pour en tirer des courans, qu'ils dirigent selon leurs besoins. Ils en éprouvent à peu près les mêmes effets que des manipulations directes. La cessation de la fatigue, le sentiment de chaleur, la transpiration, tous les degrés de sommeil et de somnambulisme, enfin tous les effets qui suivent les manipulations directes ont également lieu chez les individus qui ont recours au baquet, plus ou moins, selon qu'ils sont plus ou moins sensibles à l'action du magnétisme. Je répéterais ce qui a été dit mille fois, si je voulais exposer de nouveau la suite de ces phénomènes, qui, malgré une infinité d'hypothèses, sont encore inconcevables.

Pour se convaincre de leur réalité, il ne suffit pas d'une visite passagère, d'un regard superficiel : il faut un examen attentif, des recherches faites sans prévention, des observations suivies. Si M. F... eût mis à cet examen l'impartialité dont il a fait preuve dans plusieurs autres parties des sciences, il n'aurait pas rendu compte des faits avec cette inexactitude qui paraît évidemment dans sa lettre ; il ne se serait pas

permis une critique injuste; il n'aurait pas cherché à détourner les médecins français de faire
l'essai d'un moyen qui, dirigé par eux, pro-
duirait les résultats les plus avantageux pour
les progrès de la physiologie, et pour ceux de
l'art de guérir.

L'institut de M. Wolfart existe, comme je
l'ai dit, depuis dix ans, et sa pratique est toujours allée en augmentant. La plupart de ses
malades sont des individus qui avaient déjà
épuisé les ressources de la médecine : mais
cela ne donne que plus d'éclat à un agent de la
nature, dont on commence seulement à con-
naître les propriétés, et plus de considération
aux médecins qui veulent bien en étudier et
en diriger l'emploi. M. Wolfart a obtenu de
nombreux succès : à mesure que ses expériences se sont multipliées, la confiance du
public s'est accrue; et le nombre des malades
qui se rendent à son traitement est devenu
si considérable dans ces dernières années, qu'il
s'est vu obligé d'en renvoyer une partie à d'autres médecins qui ont établi des traitemens
semblables au sien.

Quant aux résultats des nombreuses expériences de M. Wolfart, à la méthode qu'il suit,
aux théories par lesquelles il explique les faits,

c'est à lui-même à nous en rendre compte, et il ne tardera pas à le faire, aussitôt que les travaux dont il est accablé lui en laisseront le loisir. Il serait indiscret et hasardé d'anticiper sur les explications qu'il se propose de donner.

Je répondrai seulement à une chose que M. F... dit en passant, et qui pourrait donner lieu à une attaque sérieuse contre la méthode de M. Wolfart. C'est que ce médecin fait des ordonnances, et distribue des médicamens à ses malades; de sorte que l'effet salutaire du traitement doit être attribué à la médecine ordinaire et non au magnétisme.

D'abord, ces remèdes sont fort simples, et la plupart du temps ils ne sont employés que pour soutenir la confiance des malades de la classe du peuple, qui ne croient pas qu'on puisse les guérir sans leur faire prendre quelque chose. Ensuite, l'institut de M. Wolfart n'étant point destiné à faire des expériences, mais à guérir, ce médecin saisit tous les moyens que lui fournissent ses études antérieures pour arriver à ce but le plus promptement possible. Connaissant parfaitement l'effet des remèdes et l'avantage qu'on trouve à les associer au magnétisme pour combattre certaines maladies, il ne renoncera point à ce secours, pour satisfaire les gens qui veulent qu'on traite le magnétisme comme les sciences physiques, sans égard aux besoins de ceux qui se soumettent à son action. D'ailleurs, l'établissement de M. Wolfart n'était point une clinique dans le temps où M. F... l'a visité : il n'était pas sous la direction d'un médecin praticien; et si M. Wolfart en permettait l'entrée aux curieux de notre état, ce n'était ni pour les instruire ni pour faire des prosélytes à sa doctrine; car la vérité finit par s'établir d'elle-même. Enfin, il faut observer, et cela détruit entièrement l'objection à laquelle nous répondons, que dans le nombre des malades qui se présentent, il en est à peine un quart à qui l'on administre des remèdes internes ou externes. Il n'y a pas de doute que dorénavant M. Wolfart s'en passera tout à fait. Son institut étant élevé au rang d'une clinique médicale destinée à l'instruction, le magnétisme doit y être employé seul pour conserver la pureté des expériences : mais aussi, il sera obligé de renvoyer à un autre traitement ceux des malades pour qui il jugera utile de joindre quelques remèdes au magnétisme.

Quant au crédit dont le magnétisme jouit à Berlin, comme moyen curatif, on peut dire qu'il augmente tous les jours, et que les médecins les plus estimés de cette ville le mettent au rang des remèdes les plus efficaces. On est très-loin de le regarder comme un remède universel, et l'on s'abstient de l'employer dans les affections légères qui cèdent facilement aux moyens de la médecine : mais des exemples nombreux, des observations recueillies de toutes parts, ont enfin mis hors de doute qu'il offre un secours puissant dans différentes maladies, et qu'il est inappréciable dans quelques-unes qui sont au-dessus du pouvoir de la médecine. Il arrive souvent que MM. Hufeland, Heim, Formey et autres médecins distingués, envoient à l'institut de M. Wolfart des sujets qu'ils avaient traités sans succès pendant un temps considérable ; et ces malades en sortent guéris par le seul effet du magnétisme. Ces cas ne sont pas rares ; j'en ai souvent été témoin, et tous ceux qui habitent Berlin peuvent s'en assurer. Que le magnétisme ne guérisse pas toujours, que même, dans certains cas, il ne paraisse avoir aucune influence, c'est ce dont on ne saurait disconvenir : mais nous ne sommes malheureusement pas plus avancés avec la plupart des autres remèdes de notre art ; nous ne connaissons pas leur manière d'agir ; nous ne pouvons déterminer avec certitude l'effet qu'ils vont produire ; nous échouons mille fois en les employant dans des maladies dont la nature n'est pas plus connue que celle du remède. Aussi les médecins de Berlin , qui, pour la plupart, ont recours au traitement magnétique dans certains cas, ne sont point encore d'accord sur l'étendue de son efficacité. Quelques-uns veulent l'appliquer, sans distinction, à toutes les maladies internes ; d'autres en bornent l'usage à des cas déterminés. Mais, à cet égard, le magnétisme éprouve le sort de tous les autres remèdes, qui tantôt montent , tantôt descendent dans l'opinion des médecins. M. Hufeland a trop souvent et trop clairement exposé lui-même sa façon de penser, pour que personne ait le droit de l'interpréter : il reconnaît l'efficacité du magnétisme ; il le range parmi les remèdes les plus puissans dans sa matière médicale, et l'on ne conçoit pas que M. Friedlander ait l'air de l'ignorer. M. Heim , M. Formey et d'autres médecins célèbres pensent à peu près de même : quelques-uns ne peuvent encore se résoudre à admettre l'existence d'une force qu'ils ne conçoivent pas ; mais, en général, on est trop sage et trop modeste pour juger et condamner ce qu'on ne connaît que très-imparfaitement.

Quant au public, il se range ordinairement du côté des médecins les plus estimés. La grande majorité est maintenant instruite des effets du magnétisme, et des phénomènes admirables dont il est quelquefois accompagné. L'affluence des malades au traitement magnétique de M. Wolfart, et à celui de quelques autres médecins, prouve assez la confiance qu'on y a. Des personnes d'une haute considération ne dédaignent pas de s'instruire de ce que la nouvelle doctrine offre d'intéressant et de remarquable ; mais aussi on a eu soin d'écarter les pratiques mystérieuses et le charlatanisme qui, dans d'autres pays, ont été si nuisibles à la propagation de cette découverte. Personne ne pense à établir un traitement magnétique pour faire sa fortune. A Berlin, comme dans la plus grande partie de l'Allemagne, l'amour désintéressé de la vérité et la rigueur des principes règnent dans l'empire des sciences.

Le gouvernement prussien n'a pas été indifférent aux progrès que la doctrine du magnétisme faisait vers sa perfection. Trop éclairé pour ne pas sentir les avantages que sa protection procurerait à la science et aux individus, mais trop circonspect pour ne pas prévoir les abus qui auraient pu les contrebalancer, il a pris des mesures propres à favoriser les uns et à empêcher les autres. La pratique publique du magnétisme a été interdite à tout individu qui n'est pas instruit dans les principes de la médecine, et qui n'a pas reçu une approbation spéciale de la commission chargée d'examiner la capacité des médecins. Par cette mesure, on n'a plus rien à craindre d'un instrument qui, dans les mains des ignorans, des enthousiastes et des charlatans, aurait pu devenir nuisible à l'ordre social. D'un autre côté, le Gouvernement a élevé le magnétisme au rang des sciences qui doivent faire partie de l'instruction publique : il a nommé M. Wolfart professeur ordinaire de la Faculté, et directeur d'une clinique magnétique qu'il a ajoutée aux nombreux établissemens d'utilité publique qui existent à Berlin. Le magnétisme est donc mis sous les yeux des gens de l'art, qui pourront en apprécier les avantages et les inconvéniens, et séparer ce qu'il peut y avoir d'illusoire ou d'exagéré de ce qui est d'une vérité incontestable.

La pratique du magnétisme est plus ou moins connue dans le reste de l'Allemagne : j'en ai parcouru une partie, et j'ai trouvé qu'on s'en occupait, en général, avec assez de zèle et d'impartialité. A Vienne, elle avait été défendue par le Gouvernement ; elle fut cependant toujours exercée, et même assez publiquement. Dans le temps du congrès, on fit plusieurs expériences magnétiques en présence des augustes Étrangers qui y étaient réunis, et elles réussirent à leur entière satisfaction. Enfin, l'été dernier, la défense fut entièrement levée par un décret du Gouvernement ; et la pratique du magnétisme fut confiée à des médecins, particulièrement approuvés pour cet objet. M. F... paraît ignorer cet acte, puisqu'il n'en fait pas mention dans sa lettre. Il ignore sans doute aussi que le roi de Suède vient d'envoyer à Berlin un médecin distingué, pour s'instruire chez M. Wolfart; et que l'empereur de Russie y a de même envoyé M. Stoffregen, premier médecin de l'impératrice. D'autres médecins étrangers s'y sont rendus de leur propre mouvement, et dans les mêmes vues. Cela prouve assez que, dans les pays du Nord, on ne regarde pas le magnétisme comme une chimère.

Au reste, il est temps de suspendre les disputes sur la réalité d'une chose qui depuis trente-cinq ans occupe l'attention publique. Rien n'est plus facile en médecine que de raisonner, comme le rappelle si souvent M. Pinel, mais rien n'est moins utile ; rien même ne tend plus à écarter les observations pures et les expériences exactes. C'est malheureusement ce qu'on peut remarquer dans le magnétisme. Tout le monde s'arroge le droit de raisonner et de décider, on s'épuise en argumens *à priori* tirés des principes de la physiologie ; mais personne n'examine les faits, personne ne se livre à des recherches exactes et continuées. Demandez à ces raisonneurs qui remplissent les journaux de médecine et les journaux littéraires de leurs satyres et de leurs déclamations, s'ils se sont appliqués sérieusement à étudier la doctrine qu'ils attaquent, vous n'en trouverez peut-être pas un qui puisse fonder ses assertions sur des expériences qu'il ait faites lui - même. La plupart d'entr'eux dédaignent même d'acquérir quelques lumières sur l'objet contre lequel ils sont prévenus. Depuis les premiers mémoires de M. le Mis de Puységur, imprimés en 1784, jusqu'à nos jours, il a été publié, soit en France, soit en Allemagne, un grand nombre de recueils de faits. Plusieurs de ces faits peuvent avoir été mal observés ; mais il en est beaucoup qui sont hors de doute. Les ouvrages de MM. Wienhold, Gmelin, Kluge, et plus récemment celui de M. Deleuze présentent un corps de doctrine dans lequel on ne trouve pas un mot qui soit en contradiction avec l'état actuel des sciences physiques. Les phénomènes y sont exposés sans

exagération; les preuves discutées avec impartialité : cependant les antagonistes du magnétisme reproduisent les objections qui y sont ré-
futées; s'ils ont pris la peine de les lire, c'est
bien superficiellement et avec une singulière
prévention : s'ils les citent, c'est en rapportant
quelques phrases qui, séparées de ce qui pré-
cède et de ce qui suit, peuvent prêter au ridicule. Je ne sais s'il y a de la bonne foi dans
cette méthode, mais il y a sûrement beaucoup
de légèreté ; et ce n'est pas ainsi qu'on parvien-
dra à des résultats positifs.

Le magnétisme a eu le malheur de tomber, dès
sa naissance, entre les mains de particuliers entièrement étrangers aux principes de la médecine
et de la physiologie. Quelques-uns en ont abusé
pour leur intérêt, et ont profané une doctrine
qu'ils n'étaient pas appelés à professer; ils ont
même obscurci la vérité par les prétentions de la
charlatanerie. Les médecins, au contraire, se
sont retirés à mesure que les empyriques ga-
gnaient du terrain : ils ont abandonné la pratique
du magnétisme, et ils ont cherché à le discréditer.
Il en est résulté que pendant long-temps l'ob-
servation des phénomènes a été abandonnée à
des hommes qui n'étaient point assez instruits
pour en apprécier les circonstances, pour les

lier et les comparer aux autres phénomènes de la nature. On en est encore à constater des faits qui ont été vus mille fois, à chercher les lois d'après lesquelles ils se reproduisent, à discerner ce qui appartient au principe nouvellement découvert de ce qui dépend de causes différentes. Les sciences qui s'occupent des propriétés physiques des corps bruts, ont pris une autre marche. L'électricité, le galvanisme, le magnétisme minéral ont été étudiés, et quoique les phénomènes qu'ils présentent ne soient ni moins singuliers ni moins inexplicables que ceux du magnétisme, on n'a pas négligé de les examiner, de les constater et de les coordonner. Le contraire a lieu pour le magnétisme. On raisonne, on discute, mais on n'examine pas : on juge sans avoir observé, les conclusions précèdent les expériences au lieu de les suivre; et combien de préjugés, combien de préventions, combien d'intérêts individuels se mêlent à ces conclusions ! On ne saurait les méconnaître lorsqu'on lit les jugemens répandus dans les feuilles périodiques. Si les médecins et les beaux esprits (car les beaux esprits se mêlent aussi de raisonner sur la médecine) voulaient s'appliquer à étudier la doctrine qu'ils combattent, la vérité ne tarderait pas à se découvrir à leurs yeux, et on les entendrait peut-être alors donner au magnétisme des éloges aussi exagérés que le sont maintenant leurs critiques.

C. OPPERT.

———

P. S. Mes observations étaient imprimées, lorsqu'on m'a communiqué une lettre de M. le comte de Loewenhielm, ministre plénipotentiaire du roi de Suède auprès de l'empereur de Russie. Cette lettre est datée de Stockholm, 7 octobre 1816; et la personne à qui elle est adressée, m'a permis d'en transcrire l'article suivant :

« J'ai oublié de vous dire qu'à Berlin, le magnétisme, connu sous le nom de *mesmérisme*, est en honneur bien autrement que chez vous, et même chez nous. Le roi de Prusse vient de nommer M. de Wolfart professeur à l'Académie pour le mesmérisme, et il a fondé en même temps un hôpital de cent lits, pour les blessés qu'on doit y traiter exclusivement avec le magnétisme.....

« Je viens d'apprendre par M. de Cederschœld, médecin très-distingué de Stockholm, que j'ai fait envoyer à Berlin, aux frais de la cour, que M. de Stoffregen, médecin de l'impératrice de Russie, et M. Malfatti, médecin de la cour de Vienne, sont également envoyés pour s'aboucher avec M. Wolfart, et prendre connaissance de son système-pratique avec le baquet, système basé sur les principes d'une saine science médicale. »

FIN.